大多数动物都选择生活在集体之中，例如我们常见的羊群、鱼群、蚁群等。它们为什么要生活在一起？各种动物的群居方式又是怎样的？地球上的物种数以万计，它们的群居方式也是多种多样的。翻开这本书，一起来看看书中的十六种动物是怎么群居在一起的吧！

浪花朵朵

群居的动物

［波兰］乔安娜·热扎克 著　魏林 译

花山文艺出版社

河北·石家庄

减少
被吃掉的风险

鲱（fēi）鱼背部的颜色较深，腹部颜色较浅。这样的颜色变化可以帮助它们巧妙地躲避捕食者的目光。从海底仰视，能看到它们浅色的肚皮与明亮的天空融为一体；从海面上方俯视，能看到它们深色的背脊与幽暗的海底连成一片，形成了有效的保护色。

一起对抗捕食者的鲱鱼群

在大西洋中，鲱鱼群所含的个体数量最高可达上百万尾。鱼群的规模越大，每条鱼被捕食的可能性就越小。当鱼群受到海豹、鲸鱼或者鲨鱼的攻击时，最外面的鲱鱼会成为第一批牺牲者。为了避免暴露在危险之中，每条小鱼都想方设法地挤进鱼群内部，而被挤到外部的小鱼就会努力再次游回鱼群内部。它们这样反复地、一刻不停地游动，最终会在水中形成巨大的漩涡！

漫步
海边

一对火烈鸟夫妇正在散步。
它们在泥沙中筑巢产卵，然后
火烈鸟妈妈和火烈鸟爸爸轮流孵卵。

一起寻找爱情的粉色火烈鸟群

火烈鸟成群结队地在海边的浅水区散步。在它们之间，爱情的种子悄然萌发，情侣们成双入对。

火烈鸟的喙形状独特，能够在觅食的过程中过滤掉水，把食物留下。它们常吃的食物包括软体动物、甲壳类动物以及浮游生物。浮游生物体内的虾青素就是火烈鸟的羽毛呈现出粉红色的

主要原因之一。

因为拥有一双大长腿，火烈鸟的捕食范围不只限于浅水区域。在水深的地方，它们也能用长腿翻出美餐大快朵颐。此外，火烈鸟还拥有线条优美的颈部，这让它们看起来仪态翩翩。

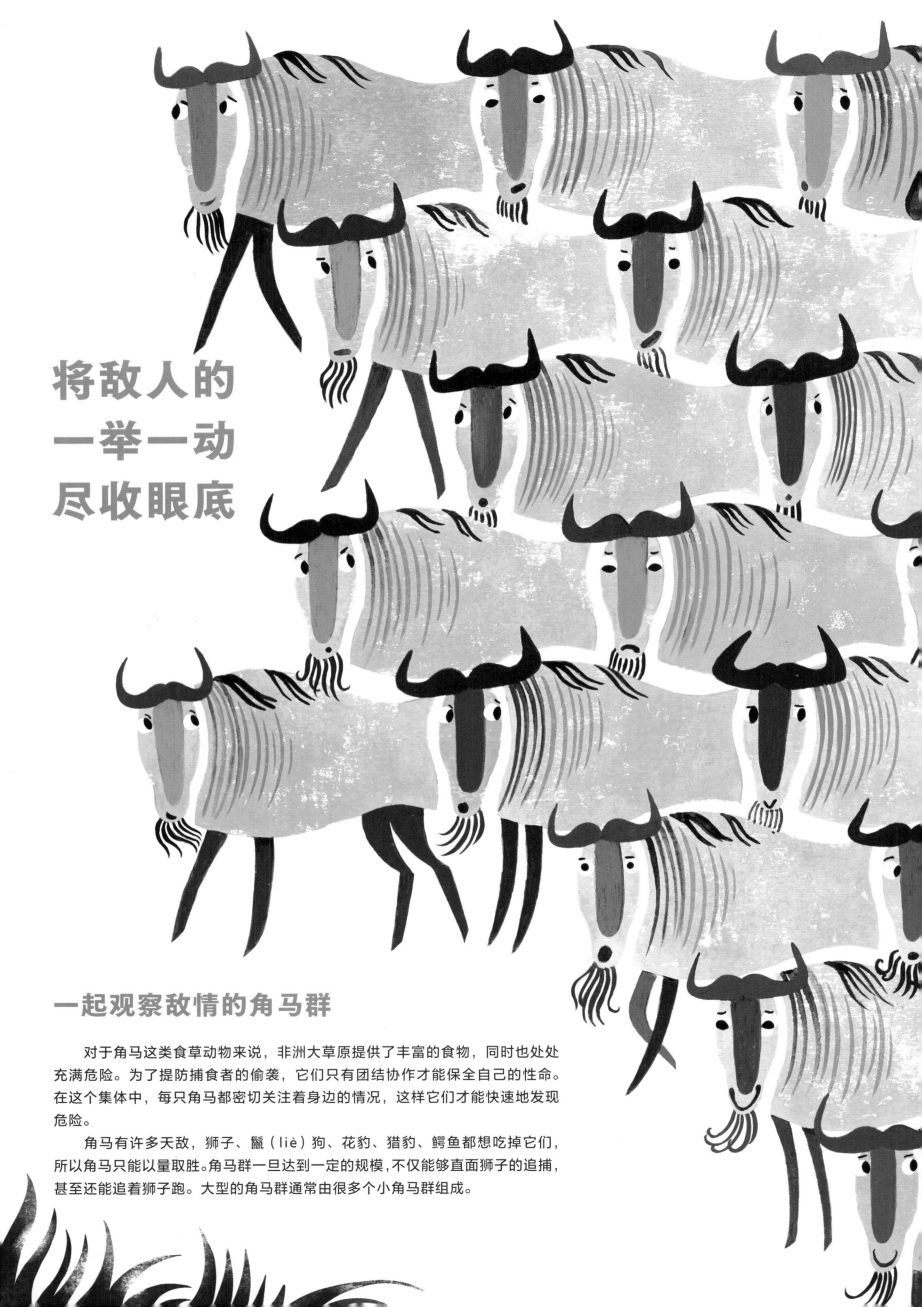

将敌人的
一举一动
尽收眼底

一起观察敌情的角马群

对于角马这类食草动物来说，非洲大草原提供了丰富的食物，同时也处处充满危险。为了提防捕食者的偷袭，它们只有团结协作才能保全自己的性命。在这个集体中，每只角马都密切关注着身边的情况，这样它们才能快速地发现危险。

角马有许多天敌，狮子、鬣（liè）狗、花豹、猎豹、鳄鱼都想吃掉它们，所以角马只能以量取胜。角马群一旦达到一定的规模，不仅能够直面狮子的追捕，甚至还能追着狮子跑。大型的角马群通常由很多个小角马群组成。

由于身体比例有些失调，可怜的角马常常被视为非洲最丑的动物之一。

相互取暖

一起保持体温的蝰（kuí）蛇群

蝰蛇是广泛分布在欧洲的一种爬行动物。它是变温动物，无法自己调节体温，所以蝰蛇需要依靠晒太阳或者聚集在一起来取暖。

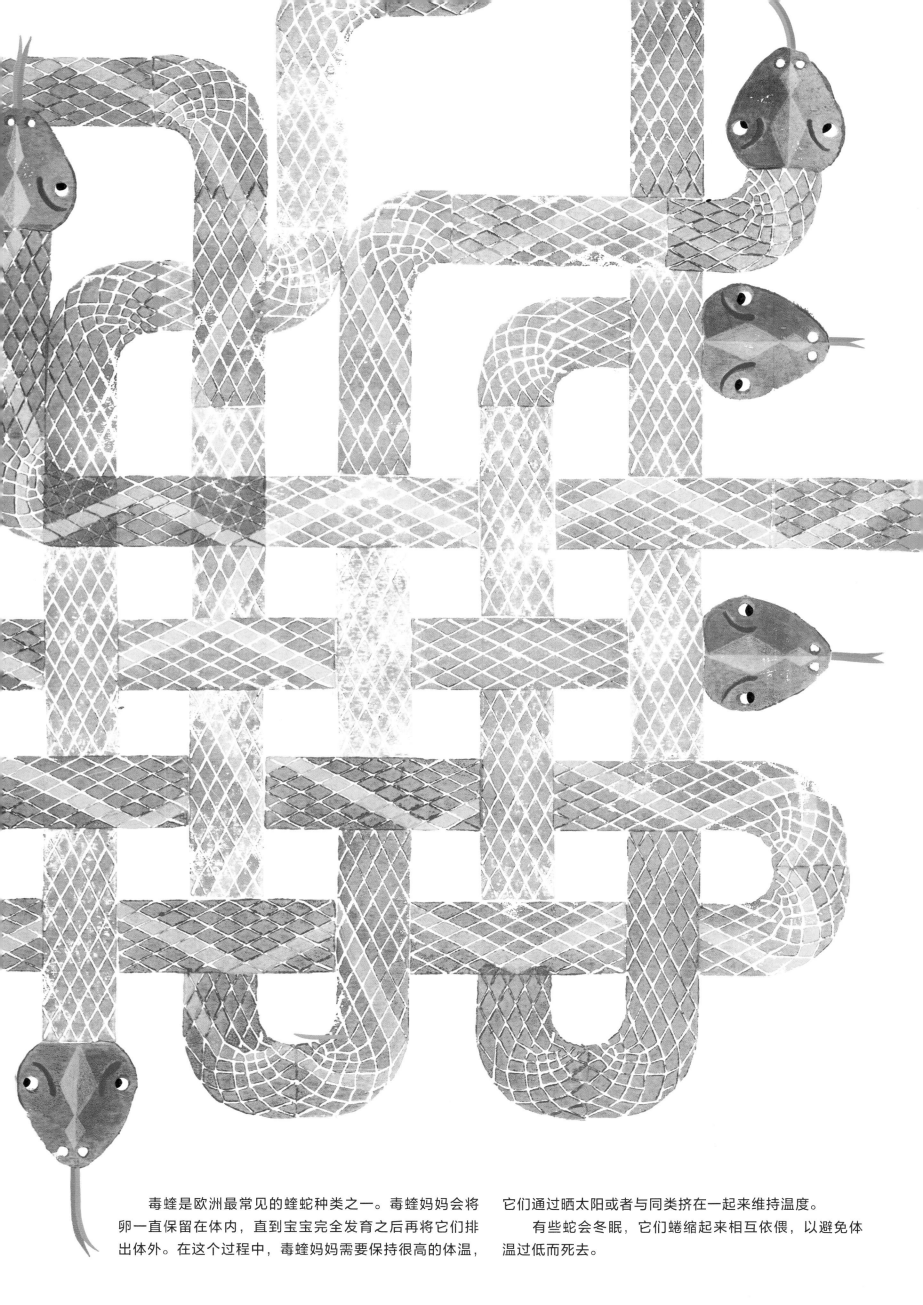

毒蝰是欧洲最常见的蝰蛇种类之一。毒蝰妈妈会将卵一直保留在体内，直到宝宝完全发育之后再将它们排出体外。在这个过程中，毒蝰妈妈需要保持很高的体温，它们通过晒太阳或者与同类挤在一起来维持温度。

有些蛇会冬眠，它们蜷缩起来相互依偎，以避免体温过低而死去。

在森林中患难与共

一起狩猎的狼群

在俄罗斯西伯利亚地区的泰加森林里，狼群每天都在为生存而战。它们以家庭为单位，大多由一对父母和一群 1~3 岁的幼狼组成。在狼群中，父母负责领导狼群进行狩猎和迁徙。大家相互扶持，保护彼此。

随着年龄的增长，幼狼会逐渐承担更多的责任，比如照顾新出生的幼崽。大多数幼狼在长大之后会离开族群，寻找伴侣并建立自己的家庭。

在海底叠成金字塔

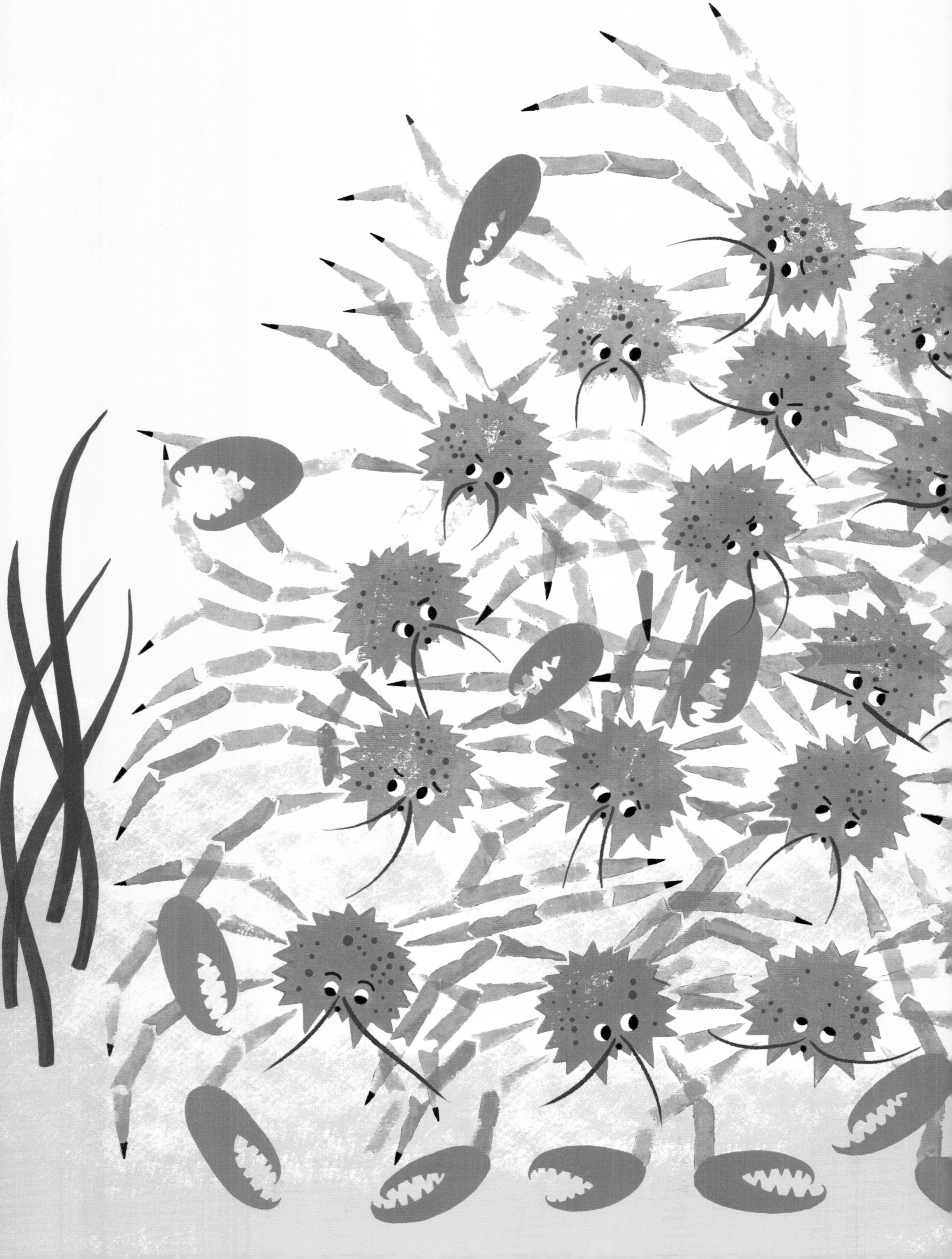

一起度过蜕壳期的蜘蛛蟹群

生活在地中海等地的蜘蛛蟹，在生长期间要经历很多次蜕壳。通过蜕壳，它们的身体会变大，同时也能摆脱一些寄生虫的困扰。蜕壳期的蜘蛛蟹因为失去"铠甲"而变得十分脆弱，所以它们会聚集在一起叠成金字塔的形状，一起抵御鳐（yáo）鱼等捕食者的攻击。当然，位于金字塔底部的蜘蛛蟹是最安全的。

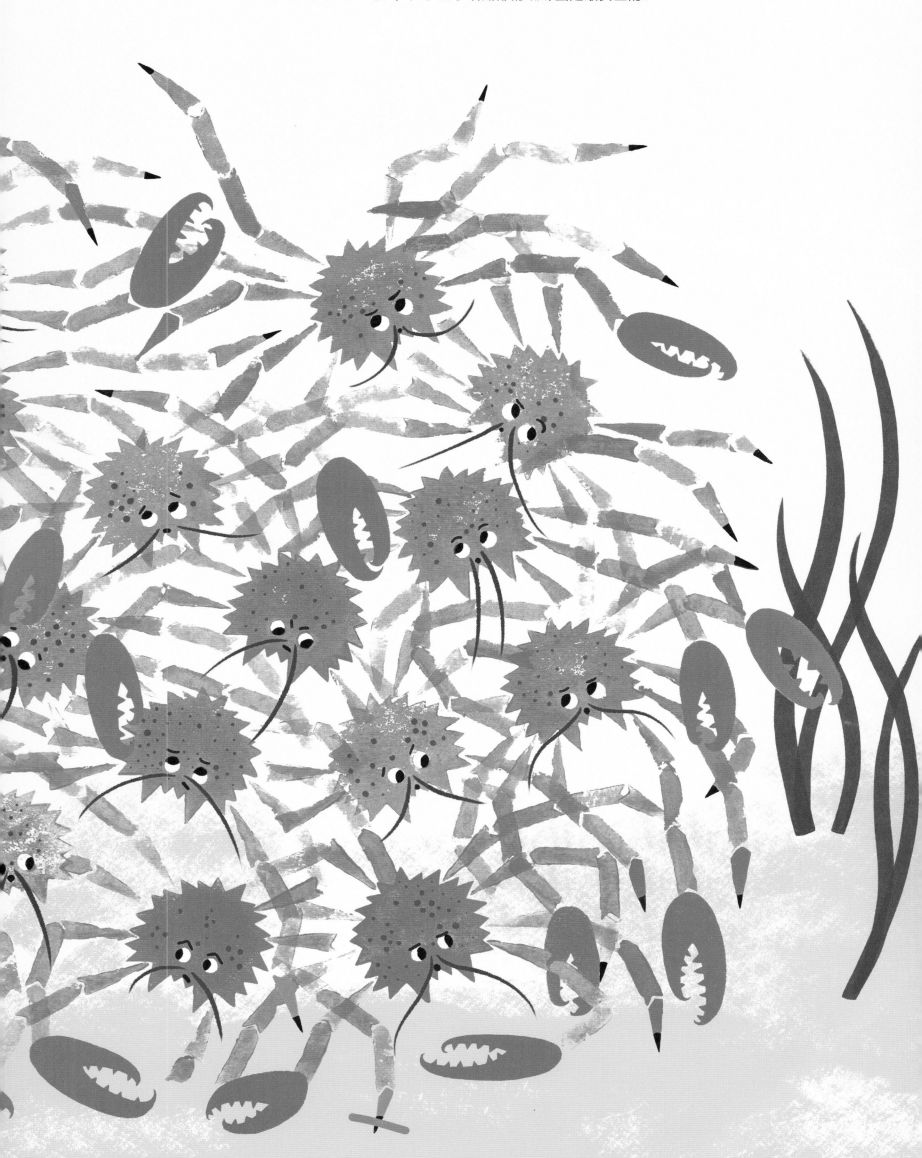

候鸟会顺着气流飞行，这样它们可以在漫长的迁徙途中节省大量的体力。

一起排成"人"字形迁徙的大雁群

如果你看过自行车赛，就会发现骑在最前面的选手最吃力，因为他受到的空气阻力最大。相反，跟在他身后的选手则会轻松许多。

当秋天来临的时候，大雁一类的候鸟就会从北方向南方迁徙，飞到更温暖的地方过冬，有时它们会飞行几千千米！

迁徙的过程十分辛苦，所以大雁要做好充分的准备以应对重重困难。出发之前，它们会更换羽毛、储备脂肪、锻炼胸肌。

在飞翔的过程中，大雁会像自行车赛的选手一样列队而飞。它们组成"人"字形，由经验丰富的大雁担当领头雁。领头雁要抵抗空气阻力，非常辛苦，所以雁群要经常变换队形，并且更换领头雁。飞行时，大雁之间会保持适当的距离，这样既可以避免互相遮挡视线，又能充分利用前方大雁扇动翅膀所产生的上升气流，节省体力。

把孩子放在"幼儿园"，
父母才能安心觅食

一起抚育后代的
帝企鹅群

对帝企鹅来说，看护孩子是一项集体活动。

在觅食期间，小企鹅的爸爸妈妈会把自己的孩子交给一只或几只成年企鹅照顾。小企鹅们围成一团，低着头依偎在一起相互取暖。这个举动很像挨在一起的古罗马士兵用盾牌抵御敌人的样子。

帝企鹅住在地球上最寒冷的地方——南极。它们的身上覆盖着厚厚的羽毛和皮下脂肪，还长着一双不会冻坏的脚，这些都是它们抵抗严寒的武器。当然，更重要的是帝企鹅从小就学会了抱团取暖的本领。长大后，帝企鹅依然会靠在一起取暖，它们会不断地调整位置，以免最外层的企鹅被冻伤。

住在一起也有不方便的时候，
比如，要分享食物和生活空间

由于河马体形庞大，所以我们总认为它们是十分懒惰而且行动缓慢的动物。然而事实恰恰相反，河马脾气暴躁、凶猛异常，能以 30~40 千米的时速在陆地上奔跑。河马是非洲最危险的动物之一！

一起在水中抢地盘的河马群

在非洲，河马一天中大部分的时间都在河流湖泊中度过。

旱季来临的时候，水分会迅速蒸发，所以水里的生活空间（也是河马用来避暑的空间）就开始骤减。河马很怕热，它们聚集在水中，谁也不想离开这片凉爽的地方。虽然河马是群居动物，但是它们却十分自我。为了争夺属于自己的地盘，它们会无休止地挤来挤去，毫无情谊可言！

水位下降后，河马的背部会裸露在水面上，这里无意间就成了鸟儿的乐园。河马的身上布满了各种藻类和寄生虫，鸟儿们可以美美地饱餐一顿。同时，河马也得到了免费的清洁服务，这可以说是两全其美。

河马群由一只雄性河马领导。但是，群体中总有不愿意屈服的河马，它们有两个选择：要么打败首领，要么离群而去。河马群里经常发生争斗，这种争斗有时甚至会造成致命的伤害！

一起上演城市奇观的椋（liáng）鸟群

越来越多的椋鸟出现在大城市中，因为这里的温度更适合生存，食物供应也更加充足。每当椋鸟群飞过城市上空，它们就会为当地居民送上一场震撼人心的视觉盛宴。科学家对椋鸟的大型"行为艺术"十分好奇，试图探究这种行为背后的原因。如今，我们所知道的是椋鸟群中并没有特定的领导者，任何一只椋鸟都能使集体运动轨迹产生变化，鸟群内的其他鸟儿会紧密跟随，从而造成鸟群的不断旋转和快速变形。

椋鸟群的规模很大，足以达到遮天蔽日的效果。其实，这是出于自我保护的需要。椋鸟群聚在一起，让猎食者很难瞄准某一只鸟，有利于摆脱猎食者的捕食。当然，掉队的椋鸟处境就十分危险了。

夜晚，出于安全的考虑，椋鸟依然会集结成群，一起栖息在树冠上。远远望去，它们就好像住在由树冠的枝杈搭建起来的宿舍里一样。

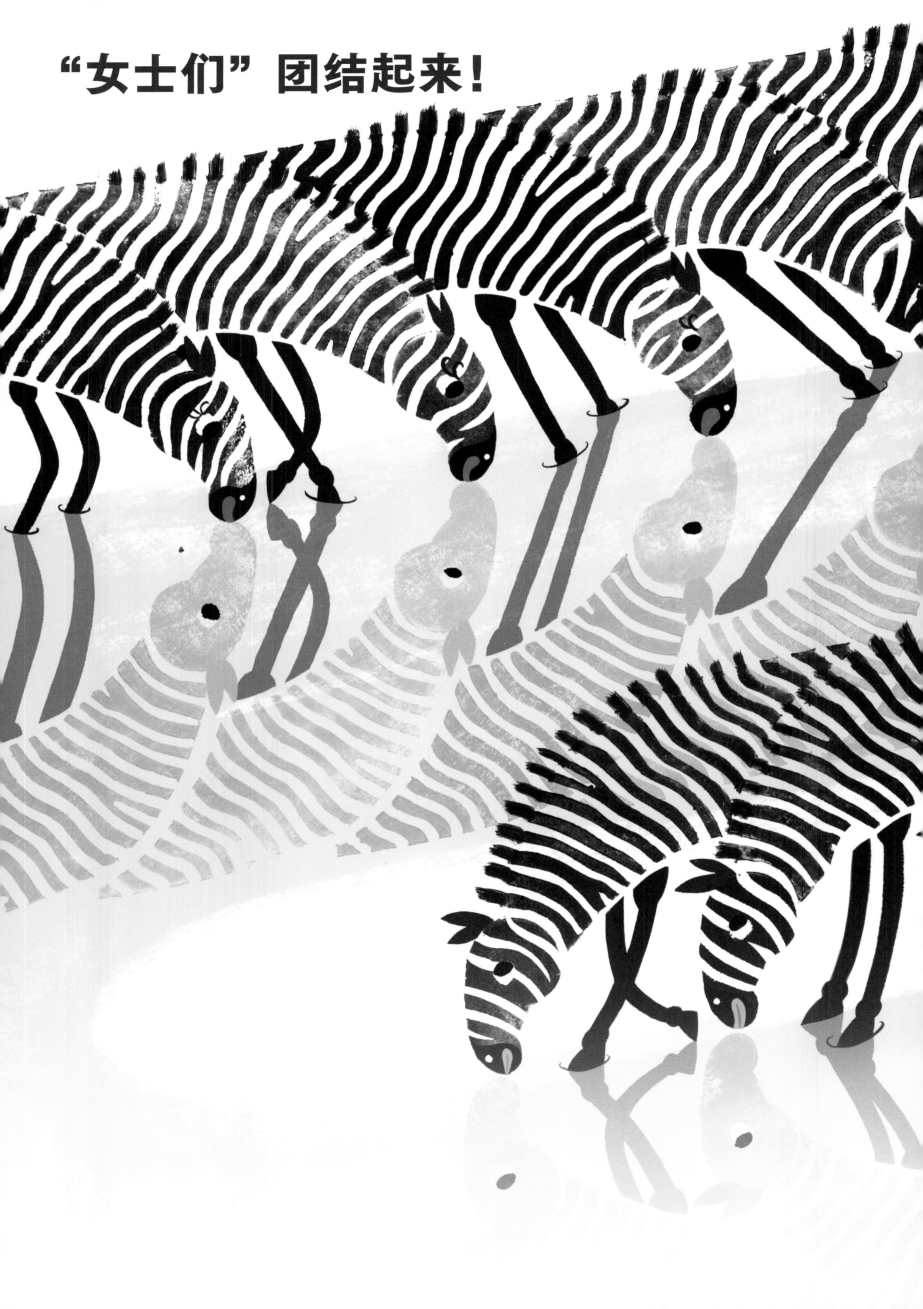

"女士们" 团结起来！

一起生活，互助互爱的雌性斑马群

我们经常能在开阔的草原地带看到雌性斑马群。每个雌性斑马群里都有一匹雄性成年斑马。雄性成年斑马上了年纪后，会离开原来的群体，加入雄性斑马群。

雌性斑马群有很强的社会性，群体内部等级分明。它们十分团结，有时还会互相梳理皮毛！雌性斑马之所以选择群居的生活方式，是为了能够更好地侦察周围的环境，迅速地发现并躲避捕食者，例如狮子、猎豹、花豹等。

每只斑马身上的黑白条纹都是独一无二的，它的作用可能是为了模糊蚊虫的视线，避免受到叮咬。

母系社会

成年雄象独自生活，只有在寻找伴侣的时候，它们才会加入象群。通过聆听雌象发出的叫声，雄象可以快速地找到象群所在的位置。

一起寻找水源、保护幼崽的象群

大象生活在母系社会中，也就是说，雌象领导族群。几只成年雌象带着一群小象组成一个象群，它们在热带草原上四处奔走。象群由年长的雌象领导，它拥有丰富的经验和出色的记忆力，能够带领象群找到珍稀的水源。在旱季，水源是维持生命的首要条件。在雌象的带领下，象群才能吃饱喝足，生存下去。

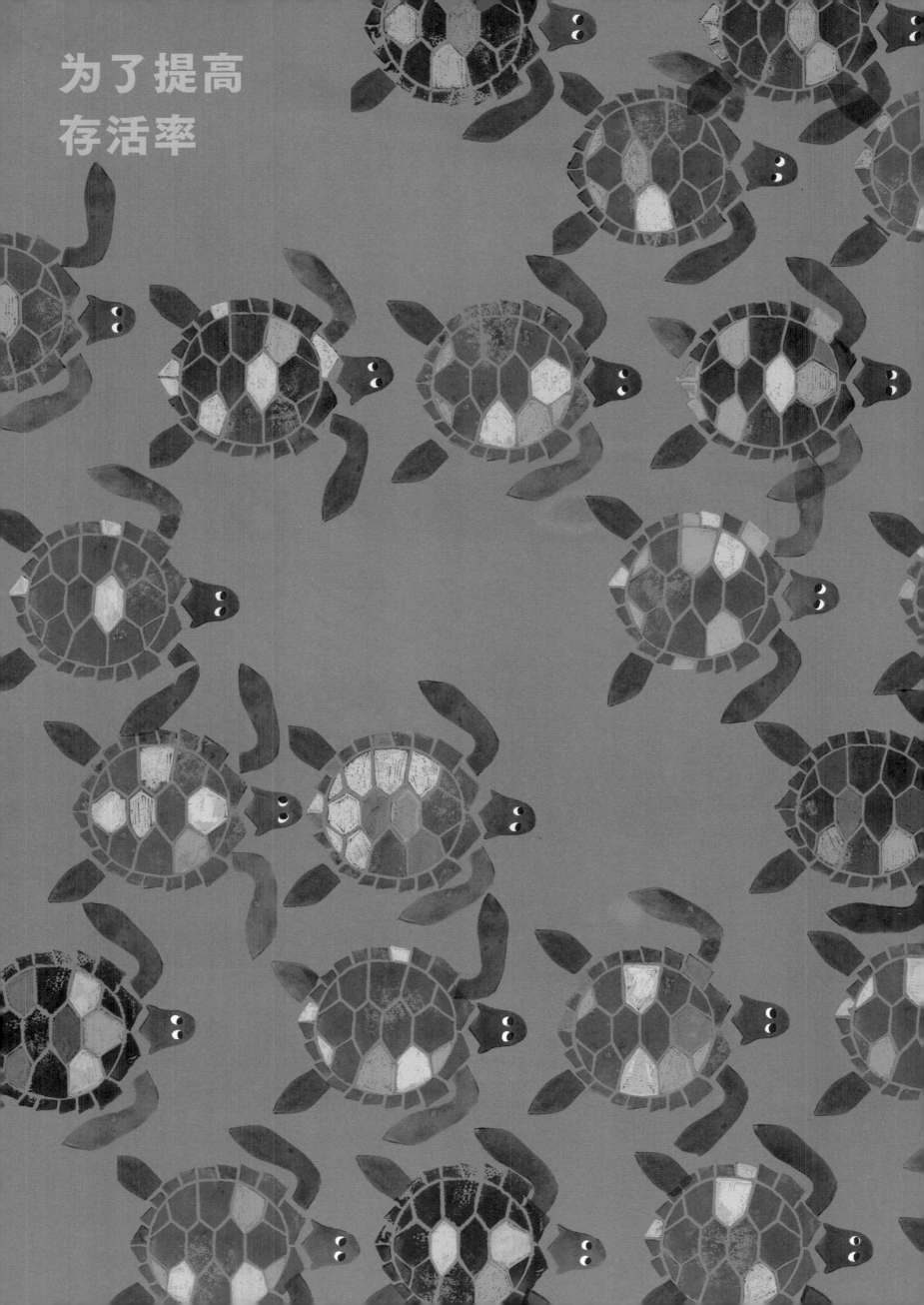

为了提高
存活率

一起上岸产卵的龟群

　　有些种类的海龟会集体上岸产卵，其中就包括肯氏龟。繁殖期间，数百只雌性肯氏龟会聚集到墨西哥的同一片海滩上产卵。这种大规模集体繁殖的现象在西班牙语中被称为"arribada"，意思是"抵达"。

　　肯氏龟上岸后，会把卵产在沙子里，这样就给秃鹫和螃蟹制造了偷吃海龟卵和刚出生小海龟的机会。为了弥补由此导致的出生率降低，肯氏龟的产卵数量相当惊人，最多能达到上百个！在孵化过程中，周围环境的温度会影响小海龟的性别。小海龟破壳而出后，就会马不停蹄地奔向大海，以免受到捕食者的袭击。

各司其职，各尽其责

一起迁徙的狒狒群

狒狒群中会出现"政治行为"，各种明争暗斗、等级划分、结盟活动屡见不鲜。

狒狒群的成员数量可达 200 只以上，大狒狒群由若干个狒狒小家庭组成。每个狒狒小家庭里有一只成年雄性狒狒、几只成年雌性狒狒以及它们的后代。

狒狒群经常迁徙，在行走的过程中它们形成了严格的等级制度。走在最前面的是雄性狒狒，雌性狒狒紧随其后，它们的子女则走在队伍的最后面。每位成员都要保持高度警惕，因为在非洲大草原上，危险随时都有可能发生！

跋山涉水，一路有你

蝴蝶在飞行的时候，翅膀每秒钟振动 5 次左右。有些会迁徙的蝴蝶，它们的迁徙距离能达到上千千米。

一起长途飞行的蝴蝶群

黑脉金斑蝶成群迁徙，它们往来于美洲大陆的北部和南部。黑脉金斑蝶的身体非常脆弱，很难抵御北方的严寒，所以它们喜欢待在温暖的地方过冬，比如墨西哥和加利福尼亚。

从每年的8月起，黑脉金斑蝶开始向南迁徙。它们会在途中大量进食，以便储备能量，积累过冬需要的脂肪。

到达温暖的目的地之后，成千上万的黑脉金斑蝶聚集在树枝等地一起休息。虽然每只蝴蝶的体重微不足道，但是它们同时落在枝头上的时候，也足以把树枝压弯！

结伴玩耍，快乐翻倍！

海豚是一种有团队精神的动物。曾经就有几只海豚合力将受伤的同伴托出海面，帮助它呼吸的例子。

一起开心冲浪的海豚群

有时候，和大家在一起就是极大的乐趣！海豚喜欢在大海中乘浪前行，有时它们也会一起靠近岸边玩耍。对海豚来说，这既是游戏，也是一种社交的方式。

术语表

变温动物：俗称"冷血动物"，是指不能依靠自身代谢产热维持恒定的体温，体温会随环境温度的变化而变化的动物。
和它相对的是"恒温动物"，"恒温动物"是指在环境温度发生改变时体温可以保持相对稳定的动物。

冬眠：动物以停止生活活动的状态，在隐蔽而且相对温暖的地方休眠过冬。

气流：空气的流动，尤其指空气的垂直运动。

迁徙：从一个地方转移到另外一个地方。也指动物依季节不同而变更栖息地的一种习性。

群居：三个以上的个体居住生活在一起。

植食性动物：以植物为食的动物。

图书在版编目（CIP）数据

群居的动物 / （波）乔安娜·热扎克著；魏林译
. — 石家庄：花山文艺出版社，2021.11
ISBN 978-7-5511-5991-3

Ⅰ. ①群… Ⅱ. ①乔… ②魏… Ⅲ. ①动物—儿童读
物 Ⅳ. ①Q95-49

中国版本图书馆CIP数据核字(2021)第147129号
冀图登字：03-2021-097号

Ensemble © Actes Sud, France, 2019
Simplified Chinese rights are arranged by Ye ZHANG Agency (www.ye-zhang.com)

本书中文简体版权归属于银杏树下（北京）图书有限责任公司

书　名：**群居的动物**
　　　　Qunju De Dongwu
著　者：[波兰]乔安娜·热扎克
译　者：魏 林

选题策划　北京浪花朵朵文化传播有限公司
出版统筹　吴兴元
编辑统筹　余以恒
责任编辑　温学蕾
责任校对　李 伟
特约编辑　倪婧婧
美术编辑　胡彤亮
营销推广　ONEBOOK
装帧制造　墨白空间·巫粲
出版发行　花山文艺出版社（邮政编码：050061）
　　　　　（河北省石家庄市友谊北大街330号）

印　刷：天津图文方嘉印刷有限公司
经　销：新华书店
开　本：787 毫米×1092 毫米　1/8
印　张：5
字　数：45千字
版　次：2021年11月第1版
　　　　2021年11月第1次印刷
书　号：ISBN 978-7-5511-5991-3
定　价：72.00元

读者服务：reader@hinabook.com 188-1142-1266
投稿服务：onebook@hinabook.com 133-6631-2326
直销服务：buy@hinabook.com 133-6657-3072
官方微博：@浪花朵朵童书